来发现吧，来思考吧，来动手实践吧
一套实用性体验型亲子共读书

4

365数学

趣味大百科

日本数学教育学会研究部 著
日本《儿童的科学》编辑部 著

卓 扬 译

九州出版社
JIUZHOUPRESS

图书在版编目（CIP）数据

365 数学趣味大百科 . 4 / 日本数学教育学会研究部，日本《儿童的科学》编辑部著 ；卓扬译 . -- 北京 ：九州出版社， 2019.11（2020.5 重印）

ISBN 978-7-5108-8420-7

Ⅰ . ① 3… Ⅱ . ①日… ②日… ③卓… Ⅲ . ①数学—儿童读物 Ⅳ . ① 01-49

中国版本图书馆 CIP 数据核字（2019）第 237297 号

著作权登记合同号 ：图字 ：01-2019-7161

来自 读者 的反馈

（日本亚马逊 买家 评论）

 id: Ryochan

　　关于趣味数学的书有很多，像这种收录成一套大百科的确实不多。书里介绍了许多数学的不可思议的方法和趣人趣闻。连平时只爱看漫画类书的孩子，不用催促，也自顾自地看起了这本书。作为我个人来说，向大家推荐这套书。

 id: 清六

　　这是我和孩子的睡前读物。书里的内容看起来比较轻松，也相对浅显易懂。

 id: pomi

　　一开始我是在一家博物馆的商店看到这套书的，随便翻翻感觉不错，所以就来亚马逊下单了。因为孩子年纪还小，所以我准备读给他听。

 id: 公爵

　　孩子挺喜欢这套书的，爱读了才会有兴趣。

匿名 ———————————————————————————

这是一套除了小孩也适合大人阅读的书，不少知识点还真不知道呢。非常适合亲子阅读。

 匿名 ———————————————————————————

给侄子和侄女买了这套书。小学生和初中生，爸爸和妈妈，大家都可以看一看。

 id: GODFREE ———————————————————————

从简单的数字开始认识数学，用新的角度发现事物的其他模样，这套书让孩子尝试全新的探索方式。数学给我们带来的思维启发，对于今后的成长也大有裨益。

 id: Francois ———————————————————————

我是买给三年级的孩子的。如何让这个年纪的孩子对数学感兴趣，还挺叫人发愁的。其实不只是孩子，我们家都是更擅长文科，还真是苦恼呢。在亲子共读的时候，我发现这套书的用语和概念都比较浅显有趣，让人有兴致认真读下来。

 id: NATSUT ———————————————————————

我是小学高年级的班主任。为了让大家对数学更感兴趣，我为班级的图书馆购置了这套书。这套书是全彩的，有许多插画，很适合孩子阅读。

目 录

 图标介绍
 计算中的数学
 测量中的数学
 图形中的数学
 规律中的数学
 历史中的数学
 生活中的数学
 数学名人小故事
 游戏中的数学
 体验中的数学

目　录

本书使用指南

图标类型

本书基于小学数学教科书中"数与代数""统计与概率""图形与几何""综合与实践"等内容，积极引入生活中的数学话题，以及"动手做""动手玩"的内容。本书一共出现了9种图标。

计算中的数学
内容涉及数的认识和表达、运算的方法与规律。对应小学数学知识点"数与代数"：数的认识、数的运算、式与方程等。

测量中的数学
内容涉及常用的计量单位及进率、单名数与复名数互化。对应小学数学知识点"数与代数"：常见的量等。

规律中的数学
内容涉及数据的收集和整理，对事物的变化规律进行判断。对应小学数学知识点"统计与概率"：统计、随机现象发生的可能性；"数与代数"：数的运算等。

图形中的数学
内容涉及平面图形和立体图形的观察与认识。对应小学数学知识点"图形与几何"：平面图形和立体图形的认识、图形的运动、图形与位置。

历史中的数学
数和运算并不是凭空出现的。回溯它们的过去，有助于我们看到数学的进步，也更加了解数学。

生活中的数学
数学并不是禁锢在课本里的东西。我们可以在每一天的日常生活中，与数学相遇、对话和思考。

数学名人小故事
在数学历史上，出现了许多影响世界的数学家。与他们相遇，你可以知道数学在工作和研究中的巨大作用。

游戏中的数学
通过数学魔法和益智游戏，发掘数和图形的趣味。在这部分，我们可能要一边拿着纸、铅笔、扑克和计算器，一边进行阅读。

体验中的数学
通过动手，体验数和图形的趣味。在这部分，需要准备纸、剪刀、胶水、胶带等工具。

作者

各位作者都是活跃于一线教学的教育工作者。他们与孩子接触密切，能以一线教师的视角进行撰写。

阅读日期

可以记录下孩子独立阅读或亲子共读的日期。此外，为了满足重复阅读或多人阅读的需求，设置有3个记录位置。

日期

从1月1日到12月31日，每天一个数学小故事。希望在本书的陪伴下，大家每天多爱数学一点点。

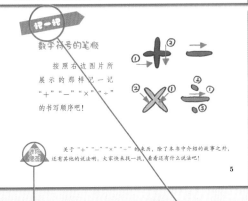

迷你便签
补充或介绍一些与本日内容相关的小知识。

引导"亲子体验"的栏目
本书的体验型特点在这一部分展现得淋漓尽致。通过"做一做""查一查""记一记"等方式，与家人、朋友共享数学的乐趣吧！

古埃及分数

学习院小学部

大泽隆之 老师撰写

　　你认识⊏、⌀、⻊这些古怪的符号吗？这可不是小孩子画的儿童画，而是 4000 多年前古埃及人写的分数。

　　在伦敦大英博物馆保存着一份重要的文献资料——莱因德纸草书，也称阿姆士纸草书。在莱因德纸草书中，人们发现古埃及人用一种特殊的记号来表示分数。符号 ⊏ 表示 $\frac{1}{2}$，⌀ 表示 $\frac{1}{3}$，其余分子为 1 的分数都用上面画个长椭圆 ◯，下面画几个小竖来表示，比如 ⻊ 表示 $\frac{1}{5}$，⻘ 表示 $\frac{1}{7}$。

　　人们还发现，古埃及的分数，除了 $\frac{2}{3}$ 之外，其余都以若干个单位分数（指分子为 1 的分数）之和表示。在莱因德纸草书中，有一张

表记载了很多形如 $\frac{2}{n}$（其中 n 为奇数）的分数分解为单位分数之和的式子，例如 $\frac{2}{5} = \frac{1}{3} + \frac{1}{15}$，$\frac{2}{7} = \frac{1}{4} + \frac{1}{28}$，$\frac{2}{13} = \frac{1}{8} + \frac{1}{52} + \frac{1}{104}$，…

真分数都能分解成单位分数之和吗?

对于一般的真分数，是否一定可以把它分解成单位分数之和呢? 1202 年，中世纪的数学家斐波那契给予了肯定的答案，并记载于其名著《算盘书》之中，但是分解的方法并不唯一。

斐波那契

例如，$\frac{2}{15}$ 可以分解成 $\frac{1}{8} + \frac{1}{120}$，还可以分解成 $\frac{1}{12} + \frac{1}{20}$，也可以分解成 $\frac{1}{9} + \frac{1}{72} + \frac{1}{120}$。你也可以试试其他分数哟。

古埃及人为什么如此"偏爱"单位分数? 这个问题至今仍是一个谜，尚无确切的定论。

没有数字的日本尺

东京都　杉并区立高井户第三小学

吉田映子 老师撰写

阅读日期　　月　日　　月　日　　月　日

0 刻度居然不一样

今天要给大家介绍一种有刻度，却没有数字的尺子，叫作日本尺。

一般来说，尺子的定义是：用来画线段（尤其是直的）、测量长度的工具。而在日本，有一种说法是，日本尺主要用来测量长度，而普通尺子主要用来画直线。

为了保证测量的精确性，日本尺常使用不会因温度产生变形的材料。在学校里，通常使用的是日本竹尺。

日本尺和普通尺子的测量方式有些许不同。日本尺上只有刻度，没有标注数字，用不同的点代替数字。同时，日本尺的 0 刻度就在顶端，而普通尺子的 0 刻度前方还有一段空白。因此，两种尺子测量的起点稍有不同。

假设日本尺的刻度是 30 厘米。在测量超过 30 厘米的物品时，记

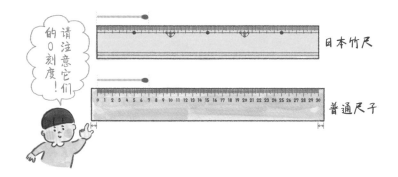

请注意它们的 0 刻度！

日本竹尺

普通尺子

下有几个 30 厘米、又多了多少厘米，相加之后就是答案。在测量小于 30 厘米的物品时，如果觉得日本尺的顶端很难对准，可以对准 5 厘米或 10 厘米的小点，以它们为 0 刻度开始测量。

怎么用日本尺画直线

①对照日本尺的刻度小点，在纸上点出小点。

② 用日本尺没有刻度的一边，将小点连起来。

画一条直线而已，用日本尺会不会太麻烦了点儿呀。就像我们之前说过的：在日本，日本尺主要是用来测量长度的，而普通尺子主要是用来画直线的。

这样的做法，是为了不把日本尺有刻度的一边弄脏。此外，没有刻度的一边相对厚度更大，下笔时更方便，线也画得更好。

画直线还可以更麻烦

  尝试了这种画直线的方法后，你肯定不会再嫌弃之前的方法麻烦了。在日本尺没有刻度的一边，有一条沟。拿一根小棒支在沟里，同时手上握一支毛笔。小棒滑动，带动毛笔笔直地画出一条直线来。

> 日本尺的画线槽

  除了常见的直尺，还有用来画曲线的云形尺、三角尺等。三角尺分为等腰直角三角尺和细长三角尺。你见过这些尺子吗？

鬼脚图的秘密①

御茶水女子大学附属小学
冈田纮子 老师撰写

阅读日期　　月　日　　月　日　　月　日

画一画鬼脚图

今天要给大家介绍一个有趣的日本游戏——鬼脚图。鬼脚图是一种游戏，也是一种简易决策方法，游戏规则是：在几条平行竖线中，任意画上横线，并选择竖线的一端作为起点向下行走，遇到横线就转弯，看最后会走到哪一个终点。先来一个非常简单的鬼脚图试试看，你认为图 1 的小兔会吃到心仪的食物吗？

如图 1 所示，小兔吃到了胡萝卜，小熊吃到了栗子，狐狸吃到了葡萄。如果你的小动物没吃对食物，记得查一查是不是遇到横线都转弯了。

问题又来了，为什么小动物不会吃到其他食物呢？

如图 2 所示，在遇到横线时，小兔和小熊都转弯了，因而位置互

图 1　　　　　　　　　　　图 2

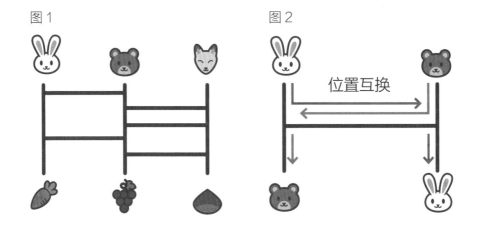

位置互换

换。横线的作用，就是让小动物们转换行动方向，所以它们只能吃到自己心仪的食物。

如图 3 所示，小兔、小熊、狐狸和小鸭在起点，都等着回到自己的家。首先，将小动物与它们各自的房子连起来。然后，将线与线的交点用横线来替换。最后，整理成鬼脚图的形状。

使用这个方法，不论题干有多少条竖线，都可以做成鬼脚图。

图 3

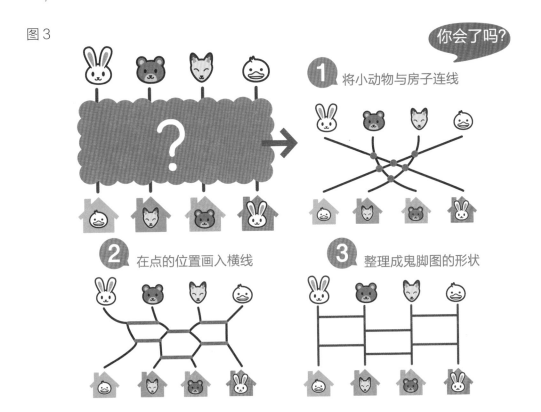

鬼脚图，又称阿弥陀签。据说，古代占卜用的签，形状像阿弥陀佛的背光（佛像背后的光圈式装饰图案），阿弥陀签的名字便由此而来。

13

用相同的数字来算数

北海道教育大学附属札幌小学
泷泷平悠史 老师撰写

阅读日期　月　日　｜　月　日　｜　月　日

4 个 4 能算出什么数？

假设我们拥有 4 个数字 4，你可以用它们算出 1-5 吗？

不论是 +、-，还是 ×、÷，都可以自由选择。那么，请试着用 4 个 4 算一算 1 吧。

首先，使用两个 4，4 ÷ 4 = 1。剩下的两个 4，如法炮制，4 ÷ 4 = 1。得到这两个 1 后，1 ÷ 1 = 1。1 就算出来了。

再接再厉算出 2-5

再试着用 4 个 4 算一算 2。与之前的 4 ÷ 4 的步骤相同，4 个 4 分别可以得出两个 1，1 + 1 = 2。2 就算出来了。

现在来算一算 3。首先，4 + 4 + 4 = 12，12 ÷ 4 = 3。3 就算出来了。

接着来算一算4。首先，4 - 4 = 0。然后，0 × 4 = 0。最后，0 + 4 = 4。4 就算出来了。

最后来算一算5。首先，4 × 4 = 16。然后，16 + 4 = 20，20 ÷ 4 = 5。5 就算出来了。

$$(4 ÷ 4) ÷ (4 ÷ 4) = 1$$
$$4 ÷ 4 + 4 ÷ 4 = 2$$
$$(4 + 4 + 4) ÷ 4 = 3$$
$$(4 - 4) × 4 + 4 = 4$$
$$(4 × 4 + 4) ÷ 4 = 5$$

继续挑战 6-9！

恭喜大家完美解出 1-5。那么，同样是4个4，你可以继续算出 6-9 吗？快来挑战吧。

$$4 \quad 4 \quad 4 \quad 4 = 6$$
$$4 \quad 4 \quad 4 \quad 4 = 7$$
$$4 \quad 4 \quad 4 \quad 4 = 8$$
$$4 \quad 4 \quad 4 \quad 4 = 9$$

用4个3，也可以算出1-9。用4个5的话，有1个数字是算不出来的。具体是哪个数字算不出来，就等你来算一算了。

平均分的结果
——奇妙的因数

熊本县　熊本市立池上小学

藤本邦昭老师撰写

阅读日期　　月　日　｜　月　日　｜　月　日

分到相同数量的糖果

手里的 6 颗糖果，要分给两位小朋友。怎样分比较好？

6 颗糖果分成 2 颗和 4 颗。哎呀，这样只分到 2 颗糖果的小朋友，岂不是有点儿不高兴了。那么就 2 颗和 2 颗？明明有 6 颗糖果，怎么只分了 4 颗，还剩下 2 颗呢。

还是分成 3 颗和 3 颗吧，两个小朋友都拿到了相同数量的糖果，也不会有剩下的。把物体分成相等的若干份，就是平均分。

图1

假设有 6 颗糖果。

① 2 人分，每人 3 颗。

③ 3 人分，每人 2 颗。

④ 6 人分，每人 1 颗。

⑤ 1 人分，每人 6 颗。

12 颗糖果怎么分？

当手里的糖果增加到 12 颗时，有几种平均分的方法呢？（图2）

答案是：有 6 种平均分的方法。随着糖果数量的增加，平均分的方法也增加了。

当糖果增加到 17 颗时，又能有几种平均分的方法呢？

图2

想一想

只有两种平均分的方法的数

17 颗糖果的平均分方法，一是"1 人分，每人 17 颗"，二是"17 人分，每人 1 颗"。只有两种平均分方法。以 1-20 颗糖果为例，像 17 颗这样只有两种平均分的方法的，还有哪些数量的糖果呢？

如果整数 a 能被整数 b 整除，那么我们就称整数 b 是整数 a 的因数。除了 1 和它本身以外，不再有其他因数，这样的数称为质数（或素数）。20 以内的质数有 2、3、5、7、11、13、17、19。

哪辆玩具车的速度快

神奈川县　川崎市立土桥小学
山本直老师撰写

阅读日期　　月　日｜　月　日｜　月　日

比一比谁的速度快

比一比谁跑得快，方法很简单。大喊"预备，跑！"谁先到达终点，谁就跑得快。不过，如果参加比赛的人很多，可能做不到一齐出发。这个时候，按顺序记录跑相同距离所用的时长，用时短的那个人跑得快。

像有轨电车和汽车等玩具车，各自能跑的距离不同。就算设定一个终点，可能有的车根本跑不到那个长度。这时候，又应该如何比较它们的速度呢？

哪辆车更快呢？

5秒跑1米……

20秒跑5米……

记一记路程和时间

已知玩具电车 5 秒跑 1 米，玩具汽车 20 秒跑 5 米，你知道哪个玩具车的速度更快吗？

假设玩具电车以相同的速度继续跑完 5 米，所用的时间应该是 5 秒的 5 倍，即 25 秒，那么可知跑完相同的路程，玩具电车比玩具汽车用时要长。再试一试另一种方法：假设玩具汽车以相同速度跑 1 米，所用的时间应该是 20 ÷ 5 = 4 秒，可知跑完相同的路程，玩具汽车比玩具电车用时要短。

因此在比较速度的时候，如果路程相同，则用时较短者速度快；如果时间相同，则通过路程较长者速度快。

用卷尺和钟表测量

你好奇玩具车的实际速度是多少吗？拿起身边的卷尺和钟表，测一测玩具车跑 1 米所花费的时间吧。

摄影 / 山本直

迷你便签

通常我们用时速来表示汽车的速度，时速指物体在 1 小时内所通过的距离。在这个词语中含有的比较速度的方式是，相同时间内比较路程长短。

做一把日历尺

东京都　杉井区立高井户第三小学

吉田映子老师撰写

日历和尺子的结合物

你听说过日历尺吗？今天我们就来做一把日历尺。

准备的材料有长 33 厘米、宽 5 厘米的硬纸板以及尺子、铅笔、彩色铅笔和日历。首先，用纸板做尺子吧。

图 1

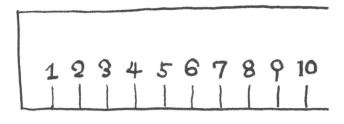

① 在硬纸板的左端 1 厘米处，做一个刻度标记（0 刻度位于顶端）。

② 刻度标记处写上 "1"。

③ 每隔 1 厘米做一个刻度标记，按顺序写上数字 2-30。这把尺子的测量长度是 30 厘米。

做一把有个性的日历尺

尺子做好了之后，就等着变身为日历尺啦。

① 翻开日历，决定要制作的月份，确定周日的日期。

② 给周日的日期画上红圈，给周六的日期画上蓝圈。简易日历尺就完成了（图 2）。

接下来，是个性化时间。首先，在空的地方写上月份，再画上与月份对应的图案（图3）。此外，2月只有28或29天，日历尺会短一点儿，而有31天的月份的日历尺会长一些。

一把有个性的日历尺，除了选择自己喜欢的月份，也可以选家人和朋友的出生月份。做一把这样的日历尺当作礼物，收到的人想必都会非常开心。

图2

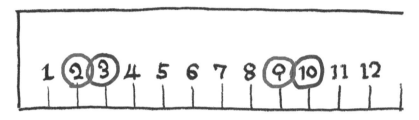

图3

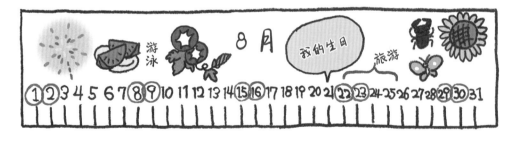

在公历（阳历）中，有31天的月份为大月，30天的月份为小月。1、3、5、7、8、10、12月是大月，4、6、9、11月是小月，2月既不是大月也不是小月。

比兆还大的数字有多少

岛根县　饭南町立志志小学
村上幸人 老师撰写

你能读对日本的人口吗？

我们生活的地球，居住着许许多多的人。人口这么多，要数清楚真不是件容易的事。以日本为例，统计到的人口数量是 128226483 人（数据来源：日本总务省 2015 年 1 月 1 日居民基本总账人口动态调查）。

这个大数字，你会读吗？这是小学四年级的学习内容。首先，在数字中空出空格：128226483，即 1 亿 2822 万 6483。读作一亿两千八百二十二万六千四百八十三。对于大数字，先从个位数开始每四位数空出一格，再读的话就容易多了。

许许多多的人居住在我们生活的地球上，你、我、他都是其中之一哟。

亿以上为兆，兆以上是？

再来挑战一下比这个还大的数字吧。以日本的财政预算为例，

2015 年中央财政预算为 963420 亿日元（数据来源：日本财政部 2015 年 9 月日本财政关系资料）。用数字形式写出来的话，就是 96 3420 0000 0000。读作九十六兆三千四百二十亿。比千亿还大一位的数字单位——万亿为"兆"。

那么，比兆还大的数字单位是？ 1 0000 0000 0000 0000。

看到这个有着 16 个 0 的数字了吗？可能连家里的大人们，都不一定能读对它。

这个数字是 1 京。兆以后的数字在生活中几乎用不到，只见于一些与科学有关的古籍中。不过今天既然学到了这里，大家也可以背一背、记一记这些"神"一样的数字单位。

数字无量是多少？

那么，比京还要大的数字单位是……大家可以参考下面的 1 和好多的 0。

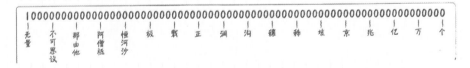

请将 1 无量用数字的形式写出来……哇，1 的右边排有 68 个 0 呢。

巧做折纸足球

东京都　杉并区立高井户第三小学

吉田映子老师撰写

你认真地观察过足球吗？足球是由某种相同的形状组合而成的。比赛用球的外壳，是用皮革或其他许可的材料制成。今天，我们将学着用纸来做一个足球。

准备材料

▶方形纸 20 张
▶铅笔
▶尺子
▶剪刀
▶胶带

● 足球是由什么形状组成的?

首先，让我们仔细观察一下足球。不看不知道，一看才明白，原来足球是由正六边形和正五边形组成的。

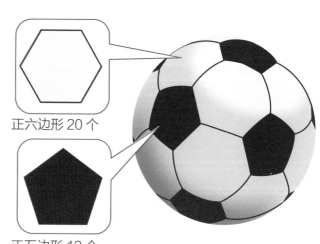

正六边形 20 个

正五边形 12 个

● 做一个纸制足球

分析了足球的结构，那么赶快行动起来，做一个纸制足球吧。

① 我们将用 4 个步骤做出 1 个等边三角形。首先，将纸对折，在中间形成折痕。

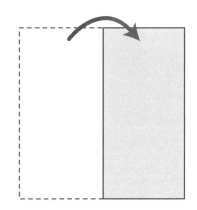

② 将右下角，折到中间的折痕。沿着红线的位置，用铅笔画线。

③ 展开折纸将左下角折到中间的折痕。沿着红线，同样在红线处用铅笔画线。

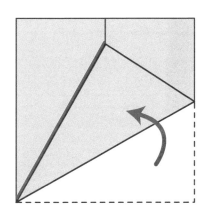

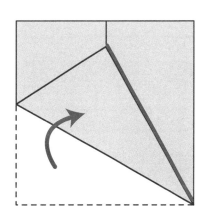

④ 展开折纸，用剪刀沿着铅笔线剪开，剪下的就是等边三角形。

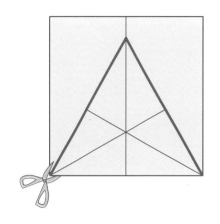

⑤ 接下来，用这个等边三角形做一个正六边形。将等边三角形的三个角向内折叠，在中心的位置相交，用胶带固定。

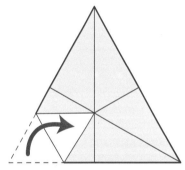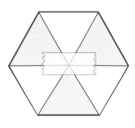

⑥ 两个正六边形为1组，一上一下用胶带粘好，一共做10组。

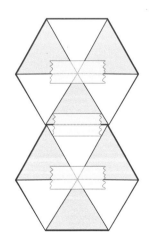

⑦ 将 10 组正六边形如下图所示连接，用胶带纸粘好。

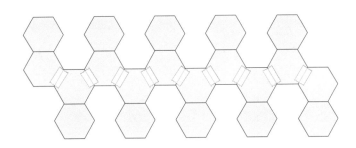

⑧ 最后，用胶带将相邻两组正六边形的边粘在一起。一个立体的纸制足球就做好了。

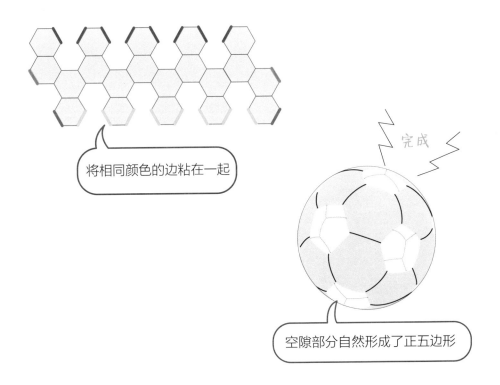

将相同颜色的边粘在一起

完成

空隙部分自然形成了正五边形

其实，足球门网也是由六边形组成的。与四边形相比，六边形可以更好地吸收冲击力，因此球门网多为六边形。

比一比，动物的身高

筑波大学附属小学
中田寿幸 老师撰写

阅读日期 月 日 ｜ 月 日 ｜ 月 日

身高最高的动物是什么？

就算是同一年级的同学，大家的身高也不尽相同，有人长得高，有人长得矮。那么在地球上，哪种动物的身高是最高的呢？

马上出现在大家脑海里的，可能是有着大大身体的大象。成年大象的身高通常会有 3 米，有的大家伙还会有 4 米高。

3 米的高度，差不多就是教室的高度。如果一头大象走进了我们的教室，估计它的脑袋和背部都是紧紧地贴着天花板呢。

像人类这样可以直立行走的动物中，北极熊（短时间直立行走）被认为是最高的，有的还会超过 3 米。

长颈鹿的脖子足有2米！

地球上身高最高的动物，是长颈鹿。雄性长颈鹿要比雌性高，通常会超过5米。如果你的教室正好在2楼，它们可以直接从窗户外探进头来。

虽然雌性长颈鹿会比雄性矮上1米左右，不过依旧是大高个儿。而特别高的雄性长颈鹿会长到5.5米，从脚到肩就达到了3米。如果长颈鹿要进教室，脖子和脑袋都要冲破天花板了。

因为长颈鹿独特的身高优势，它能吃到别的动物够不着的高大树上的叶子。不过，也因为2米的长脖子，长颈鹿在喝水时还挺费劲的。还好，树叶里也含有充足的水分，长颈鹿可以通过吃叶子代替喝水。

长颈鹿的舌头也很长！

长颈鹿的舌头居然有40厘米，而人的舌头一般是7厘米，前者足足是后者的5～6倍。长长的舌头可以非常轻松地卷起树叶来吃。

7厘米

吐舌头

40厘米

迷你便签

日本法律规定，学校教室（面积50平方米以上）的高度应该超过3米。教室是学生格外集中的地方，足够的高度再加上合理的通风，可以保证空气质量。

天使南丁格尔的另一面

明星大学客座教授
细水保宏老师撰写

这位女士喜欢数学

世界上最有名的护士是谁？南丁格尔。人们都知道，她为战场上负伤的士兵提供细致的医疗护理，是护理事业的创始人和现代护理教育的奠基人。不过她的另一面却不太为人所知，南丁格尔喜欢数学，并与数学有着密切的关系。

南丁格尔出生于意大利，是来自英国的一个上流社会家庭，她从小就显示出对数学的天赋，擅长使用图和表格来思考问题。

图表的结果直截了当！

19世纪50年代，克里米亚战争爆发，英国的参战士兵死亡率非常高。南丁格尔主动申请担任战地护士，率领38名护士抵达前线，服务于战地医院，为伤员解决必需的生活用品和食品，对他们进行认真的护理。

南丁格尔分析过堆积如山的军事档案，指出在克里米

我的数学也很强哟

亚战争中，英军死亡的主要原因是由于疾病感染。真正死在战场上的人并不多。士兵受伤后，大多死于肮脏的病床和不恰当的护理。

在将这些情况向政府报告时，南丁格尔用图表来呈现数据，向不会阅读统计报告的国会议员，汇报战地医院的医疗条件。

经过多方努力，战地医院的医疗条件大大改善，伤病员的死亡率也大幅下降，南丁格尔被亲切地称为"克里米亚的天使"。看来，有数学知识傍身，也是成为天使的条件呢。

易于理解的图表

右侧是南丁格尔发明的"南丁格尔玫瑰图"，她自己常昵称这类图为鸡冠花图。战地医院季节性死亡率这一复杂的信息，以图表的形式展现出来，让人一目了然。大家可以试着调查一项事物，然后用图表的形式进行说明。

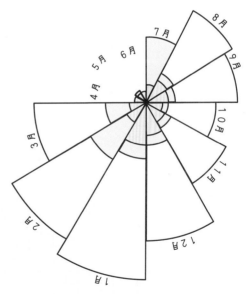

南丁格尔创立了世界上第一所正规护士学校。据说，护士呼唤铃和食品升降机等装置，也是她设计的呢。

三角形的故事

岛根县　饭南町立志志小学
村上幸人老师撰写

阅读日期　月　日　|　月　日　|　月　日

三角形是什么样的形状？

我们身边被各种物品围绕。左一眼，看到电视机、手机、钟表；右一眼，看到桌子、椅子、铅笔、橡皮，等等。

我们身边也被各种形状围绕。圆形的、方形的、三角形的……还有一些很难用语言说明的形状。

在各种形状中，今天我们来谈一谈三角形。三角形是什么样的形状，它又与四边形又有什么区别呢？

顾名思义，三角形有 3 个角，也有 3 条边。由 3 条线段围成的图形（每相邻两条线段的端点相交）叫作三角形。

我们身边的三角形

来找一找日常生活中的三角形吧。比如，三角尺、积木、大桥，等等。

交通标志中的警告标志和有些禁令标志是等边三角形。那么，日本的三角饭团算不算三角形呢？因为三角饭团的角带有曲线，所以从严格的数学意义上来说，并不能称为三角形。当然，这并不妨碍我们在制作它的时候，说上一句"将饭团捏成三角形"。

夜空中也藏着三角形

春季时分，月色如水，繁星点点，在夜空中藏着一个巨大的三角形。向东南方望去，可以看见 3 颗明亮的星星。将这 3 颗亮星连起来，就会发现一个大大的三角形出现在我们的头顶。这个"春季大三角"，可能是我们身边最大的三角形吧。

连接不在同一条直线的 3 个点，可以画出三角形。"春季大三角"的 3 颗亮星分别是：牧夫座的一等星"大角"，室女座的一等星"角宿一"，狮子座的二等星"五帝座一"。

33

古埃及的职业
拉绳定界师

大分县　大分市立大在西小学
二宫孝明老师撰写

阅读日期　月　日　　月　日　　月　日

尼罗河洪水引发的争议

　　尼罗河是一条流经非洲东部与北部的河流，自南向北流经埃及注入地中海。每年7月，尼罗河的洪水到来，会淹没两岸农田，洪水退后，又会留下一层厚厚的淤泥，形成肥沃的土壤。四五千年前，古埃及人就知道了如何掌握洪水的规律和利用两岸肥沃的土地。不过，洪水在带来沃土的同时，也把原来的地界标志给冲毁了。"我的土地，是从这儿到那儿。""不对不对，那边是我的土地才对。"每当洪水退去，这样的争议总是频频发生。为了避免类似的事情发生，发明一种精确丈量土地的方法就很重要了。

　　因此，在古埃及就诞生了一个有趣的职业——拉绳定界师。拉绳定界师掌握着精确丈量土地的技术，他们用一条普普通通的绳子，就能在土地上画出精确的图形。比如，世界闻名的金字塔，底部就是正方形。那么大的一个正方形，它的直角可一点儿都没歪。

绳结与绳结之间的间隔数是3:4:5的时候，可以拉出直角三角形。

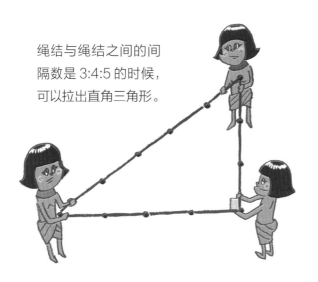

那么，拉绳定界师又是怎样用一条绳子进行工作的呢？我们来举例说明。拉绳定界师使用的绳子上面有许多绳结，绳结与绳结之间的间隔相等。使用绳子拉出一个三角形，并分别以3、4、5个间隔作为三条边的长度，这条绳子组成的三角形就是直角三角形。通过这种方式，就可以精确地画出直角了。

古埃及人就是使用绳子这种简单的工具，把数学的智慧运用到了日常生活中。

插秧的工具

在现代机械普遍使用的今天，我们依旧能够想象得出，古时候的人们是如何辛勤地劳作。以插秧为

例，为了在收获时更方便地割稻子，插秧时需要保证秧苗与秧苗之间的距离相等。古代日本的农民使用"插秧网"和"插秧尺"，让秧苗与秧苗之间保持相等的距离。

在埃及首都开罗西南的吉萨高地，有3座巨大的金字塔。其中，规模最大的就是胡夫金字塔，建成时它高146米、底面正方形边长230米、倾角52°，约完工于公元前2550年。

巧用圆规画圆

东京都 杉并区立高井户第三小学

吉田映子 老师撰写

阅读日期 ✐ | 月 日 | 月 日 | 月 日

用小碗描一个圆

如果出一道题："请画出一个漂亮的圆圈。"你会使用什么工具？

"绕着小碗或圆盒奶酪盒描一圈。"

有道理，绕着圆形的物品描一圈，就能画出漂亮的圆圈了。

用圆规画一个圆

圆规是用来画圆的工具。圆规画圆时，用尺子量出圆规两脚之间的距离，记为一定长度。把带有针的一端固定在一个地方，然后让带

有铅笔的一端旋转一周，以一定长度为距离旋转一周所形成的封闭曲线，就是圆。

注意事项：

· 一只手慢慢转动圆规。

· 另一只手保持纸或本子不动。

· 绘图时小心针不要刺到手。

· 圆规两脚连接处如果变松了，会影响画圆，需要拧紧。

做一个简易圆规

①用硬纸板做成宽1-2厘米、长10厘米的纸条。

②从顶端开始，每隔1厘米用图钉钻一个小洞（小心不要刺到手）。

③将图钉插入第一个小洞，钉在本子或纸上，并在其他的小洞插入铅笔，旋转一周就是一个圆了。

圆规的发明最早可追溯至中国夏朝，《史记·夏本记》记载大禹治水"左准绳，右规矩"，公元前15世纪的甲骨文中，已有规、矩二字，"规"即今日的圆规。

日本的人口，是多还是少

岩手县　久慈市教育委员会
小森笃老师撰写

印度人口是日本的10倍

根据《2015世界卫生统计报告》数据显示，全球人口已达到71亿2600万人。

其中，日本人口约为1亿2700万。这个数量，对于世界人口来说，是多？还是少？

右页表1列举了人口排名前5位的国家。日本并没有挤进前5，而排名第2的印度，人口约是日本的10倍。

10倍的差距有多大？我们用学校的学生数量来打一个比方。

假设某所小学一个班有30人，每个年级有1个班，那么学校的所有学生就是180人。当差距10倍时，意味着另一所学校的全校学生人数达到1800人，学校总班级数是60个，一个年级有10个班，每个年级有学生300人。

日本人口是世界第10

如右页表2所示，这里是人口排名6-15的国家。

日本人口排名第10。统计数据一共采用了全球194个国家的人口数量，也就是说，日本的人口超过了其中184个国家。

我们来调查一下这1-194个国家的人口中间值。位于排名正中间的国家的人口（中间值）约为 790 万人。再用日本的人口数量，1 亿 2700 万人来比较一下吧。

不同的比较对象，会让人对同一事物的多或少产生不同的感觉。

表1

顺序	国家	人口（人）
1	中国	约 13 亿 9300 万
2	印度	约 12 亿 5200 万
3	美国	约 3 亿 2000 万
4	印度尼西亚	约 2 亿 5000 万
5	巴西	约 2 亿

数据来源：2015 世界卫生统计报告

表2

顺序	国家	人口（人）
6	巴基斯坦	约 1 亿 8200 万
7	尼日利亚	约 1 亿 7400 万
8	孟加拉国	约 1 亿 5700 万
9	俄罗斯	约 1 亿 5700 万
10	日本	约 1 亿 2700 万
11	墨西哥	约 1 亿 2200 万
12	菲律宾	约 9800 万
13	埃塞俄比亚	约 9400 万
14	越南	约 8800 万
15	德国	约 8300 万

数据来源：2015 世界卫生统计报告

迷你便签

参考资料来自世界卫生组织的《2015 世界卫生统计报告》，以及《2013 世界人口白皮书》。你认为日本的人口与世界其他国家相比，是多？还是少？

除法是怎么回事

东京都　杉并区立高井户第三小学
吉田映子老师撰写

怎么分比较好？

图1

①10个和2个

②哥哥有8个，弟弟有4个

③每人拿6个

有 12 个苹果，要分给两位小朋友。有几种分法？

① 10 个 和 2 个。12 可以分成 10 和 2。

②分给哥哥 8 个，分给弟弟 4 个。还是别这样吧，他们可能会吵起来的。

③每人分到 6 个。两人拿到的数量相同，这样大家都高兴了。

12 个苹果平均分给 2 人，每人可以分到 6 个。

用算式来表示的话，可以写成 12÷2 = 6（12 除以 2 等于 6）。除法是怎么回事？

12 个苹果，每 3 个装进 1 个袋子里，一共可以装 4

袋。用算式表达的话，就是
12 ÷ 3 = 4。

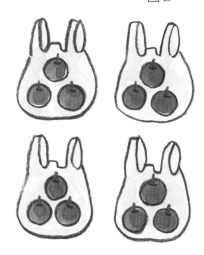

图2

这样的计算，就是除法。

什么时候会用到除法呢？当我们想知道总数平均分成几份后，每份数量的多少时；或者知道一份的数量后，计算总数可以被分成几份时。

想一想

用乘法口诀求结果

15 个苹果，每 3 个装进 1 个袋子里，一共可以装几袋？用除法算式表达的话，就是 15 ÷ 3。已知苹果有 15 个，1 个袋子可以装 3 个苹果。将袋子数量设为 □ 个，可以用乘法算式表达：3 × □ = 15。15 ÷ 3 的答案，可以用乘法口诀计算出来。

迷你便签

当哥哥有 8 个苹果，弟弟有 4 个苹果时，哥哥的苹果是弟弟的 2 倍。这个情况可以用算式，8 ÷ 4 = 2 来表达。想要知道倍数时，可以使用除法。

原来离得这么近？
身边的外国单位

东京都　丰岛区立高松小学
细萱裕子老师撰写

阅读日期　　月　日　　月　日　　月　日

长度单位英寸

在逛家电商城时，各种品牌的电视机让人眼花缭乱。你注意到了吗，电视机的主屏尺寸是用"30 吋""32 吋"等来表示的。它的意思是，电视机主屏的对角线长度是"30 英寸"和"32 英寸"。

英寸，是英美制的长度单位。1 英寸 = 2.54 厘米。因此，30 英寸 = 2.54 × 30 = 76.2 厘米，32 英寸 = 2.54 × 32 = 81.28 厘米。

这是因为，电视机最早是由英国人发明的，英寸这个长度单位也就沿用了下来。

自行车的尺寸也用英寸来表示。在描述自行车轮胎的长度时，除了毫米也使用英寸。近年来，越来越多的国外品牌出现在我们身边，其中有的鞋类和服装品牌，依旧沿用英寸等长度单位。

重量单位磅和盎司

除了英寸，英尺和码也是比较常见的长度单位。1 英尺 = 12 英寸 = 30.48 厘米，1 码 = 3 英尺 = 91.44 厘米。英尺，常用来表示飞机的飞行高度和保龄球的球道长度，码常用来描述高尔夫和美式橄榄球场地的长度。

磅和盎司则是比较常见的重量单位。1 盎司 = 28.3495231 克，

1 磅 = 16 盎司 = 453.59237 克。磅，常使用在保龄球的球重和拳击选手的体重上；盎司，常用来表示零食和钓鱼用拟饵的重量。

即使相同尺寸的显示屏，长宽比不同，显示效果也不同。

在桌子旁坐有多少人

北海道教育大学附属札幌小学
泷泷平悠史 老师撰写

阅读日期 　　月　日　　月　日　　月　日

围着桌子坐一圈

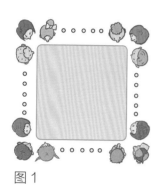

图1

有一张大大的正方形桌子。如图1所示，小朋友们围着桌子坐了一圈。

假设这张正方形桌子像图1这样每边坐10人，那么总共有多少人？

从简单开始考虑

一下子让我们回答这道题，还真是有点儿复杂，令人毫无头绪。那么，让我们先从每边坐4人的简单情况开始考虑吧。

每边坐4人，正方形桌子有4边，$4 \times 4 = 16$，答案脱口而出，一共是16人。

图2

不过，如果按图2所示，这样的情况下明明只有12人。大家想一想，为什么比一开始得出的答案要少4人呢？

将每边坐好的4个小朋友用□围起来（图3）。发现了吗？坐在4个角的4位小朋友都被方框围了2次。也就是说，他们的人数重复计算了1次，因此16应该减去重复计算的人数，即 $4 \times 4 - 4 = 12$。

44

每边坐 4 人，一共是 12 人。

现在再来考虑 10 人的情况，就简单了。先计算出 $10 \times 4 = 40$，再减去 4 个角重复计算的 4 人，$40 - 4 = 36$。每边坐 10 人，一共是 36 人（图 4）。

图 3

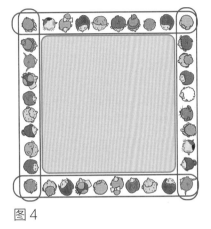

图 4

如果继续增加每边人数

如果每边继续增加到 11 人、12 人、13 人 …… 总人数每次会增加多少？

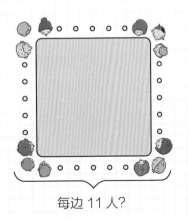

每边 11 人？

觉得数字复杂、思绪不明的时候，可以先从小一些的数字开始思考。同时，作图也是一个助于解题的好方法。

最小的数字居然不是 0

福冈县　田川郡川崎町立川崎小学
高濑大辅老师撰写

阅读日期　　月　日　　月　日　　月　日

海拔负 140 米的车站

一次考试后，小 A 很郁闷："考试拿了零蛋！这是最差的分数了！"明明已经努力去学了，结果还是 0 分，还能有比这更令人不甘心的事吗？不过，在这里找个茬：小 A 口中的 0 分真是"最差"的分数吗？比 0 分还低的分数存在吗？

我们脚下的土地，高出海平面的垂直距离就是海拔，通常写作"海拔□米"。假如大家居住的地方高出海平面 140 米，就称这个地方是"海拔 140 米"。

在我们的地球上，有许多低于海平面的地方，称为负海拔地区。这些地方的海拔，写作"海拔负□米"。因为有连接青森县与北海道的青函海底隧道，所以看到"海拔负 140 米"处的车站也不奇怪了。

"海拔 140 米"和"海拔负 140 米",两者与海平面的高度差都是 140 米,位置却大不相同。

海拔的起点叫海拔零点,通常以平均海平面为标准来计算。以海平面为 0,可以表示为"+(正)140 米"和"-(负)140 米"。看到 + 和 - 的符号,你认为一定是加法和减法吗?其实不一定哟, + 和 - 符号在运算之外,也有广泛的应用。

气温也有负数

寒冷的季节,大家可能在天气预报里收听到"气温零下 10 度"的信息。以 0 摄氏度为基准,0 摄氏度以下的温度前也可以加上"-"。

以此类推,以某个标准为基准,在基准之上的为"+",在基准之下的为"-"。这样的表达方式,在日常生活中随处可见。

再说回得了 0 分的小 A,如果他忘了在卷子上写好自己的名字,可能还会扣分哟。你猜那时候的分数,会不会比 0 分还低呢?

棋盘游戏双陆里也有"+"和"-"。棋子前进 6 格记为"+6",后退 6 格记为"-6"。此外,零花钱的增加、减少,上、下楼梯等事情都可以用"+"和"-"来表示。

根据使用目的，画一画地图

神奈川县　川崎市立土桥小学
山本直 老师撰

学校周边的地图

　　地图的类型很多，有的会呈现所有细节，有的只画出主要道路。我们使用地图的目的，大部分是为了出行的方便，确定目的地的方向和地点。

　　在日本小学三年级的教学中，特别是在社会学科的学习中，会让学生画一幅学校周边的地图。左上角照片中的地图，就是出自三年级学生之手。观察这样一幅地图，我们可以知道学校周边有哪些商店和设施。当我们要将现状与从前比较、分析未来时，就需要这样的一幅地图了。

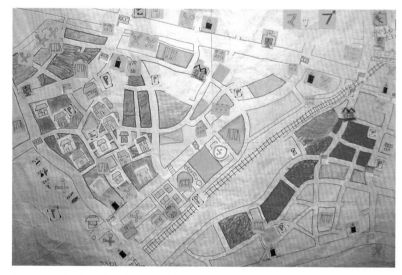

2008 年土桥小学三年级学生作品。

使用目的决定地图类型

地图的详略情况，取决于它的使用目的。

打个比方，汽车上的导航系统能显示出所有道路的方向和长度，与实际几乎分毫不差。而如果是从家到学校的线路图、邀请朋友或亲戚到家里做客时的指引图，就不需要一股脑儿把所有的道路、建筑全都塞进去。寥寥几笔，画出主要信息就可以了。

根据使用目的，可以将地图分为参考图、教学图、交通图、旅游图等类型。弄清楚使用的目的，我们就可以画出具有实用性的地图了。

从学校或车站到家的地图

学校和车站，是我们经常去的地方。给回家的路添点儿趣味，画一幅线路地图吧。不用画出所有的道路，只要选择主要的道路和标志建筑即可。此外，为了让地图容易看懂，实际上弯弯的

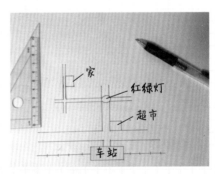

本页供图山本直

路可以画成直线，十字路口的直角也要画好。

一条线与另一条线相交成直角，这两条直线就互相垂直。在同一个平面内两条直线不相交，则称它们互相平行。

罗马数字
的记数方法

青森县　三户町立三户小学
种市芳丈老师撰写

阅读日期　　月　日　│　月　日　│　月　日

在时钟上发现罗马数字！

图1

你见过像图 1 这样的钟表吗？表盘上并不是常见的阿拉伯数字，而是 Ⅱ、Ⅴ 这样奇怪的符号。这些符号叫作罗马数字。

目光从表盘上移动到图 2，这里清楚地列出了 1–12 的罗马数字。我们再来看一下罗马数字的记数方法。

①小数字在大数字的右边，表示这些数字相加的和。

②相同数字连写，表示这些数字的和。但相同数字不能重复出现 4 次。

③ 小 数 字（仅限 Ⅰ、Ⅹ、C）在大数字的左边，表示大数减小数的差。如 4 = 5 − 1 = Ⅳ，9 = 10 − 1 = Ⅸ。

图2

数字	罗马数字	数字	罗马数字
1	Ⅰ	7	Ⅶ
2	Ⅱ	8	Ⅷ
3	Ⅲ	9	Ⅸ
4	Ⅳ	10	Ⅹ
5	Ⅴ	11	Ⅺ
6	Ⅵ	12	Ⅻ

根据这样的记数方法，18 可以表示为 ⅩⅤⅢ，22 可以表示为 ⅩⅩⅡ。

什么？"相同数字不能重复出现4次"，难道不就意味着，40以上的数字无法表示了吗？这时，就必须出现新的数字了。罗马数字采用7个基本字符，除了之前看到的 I（1）、V（5）、X（10），还有 L（50）、C（100）、D（500）、M（1000）。掌握了这些，大部分的罗马数字你就都认识了。趁热打铁，快来进行罗马数字大挑战吧。

> A XV　　B XIX　　C LIII
>
> D XCII　E MMXVI

答案分别是：A15、B19、C53、D92、E2016。罗马数字的记数方法，不是在每一个数位上写一个数字，所以很像在解一串密码。罗马数字因书写复杂，所以现在应用较少。

图3

迷你便签　　罗马数字虽然有10和100，却不存在0。尽管相同数字不能重复出现4次，但有一个例外，由于IV是古罗马神话主神朱庇特的首字母，因此有时用IIII代替IV。

日本硬币的大小和重量

岩手县　久慈市教育委员会
小森笃老师撰写

阅读日期　月　日　·　月　日　月　日

给硬币的大小排个队

在日本，除了某些特殊发行的硬币，日常流通的硬币面值分别有 500 日元、100 日元、50 日元、10 日元、5 日元、1 日元。那么，如果给这些硬币按照个头大小（直径）来排排队，会是怎样呢？

和大家想象的一样，个头最大的就是面值最大的 500 日元，长得最娇小就是 1 日元硬币。难度升级，剩下的 4 种硬币大小又该怎样排呢？

首先，来看一看有圆孔的 50 日元和 5 日元硬币，到底谁的小孔大？

5 日元硬币的小孔直径为 5 毫米。这个 5，是凑巧还是有意为之，就不得而知了。

给硬币的重量排个队

可能有人会这么想："5 日元硬币的小孔直径是 5 毫米，重量不会刚好也是 5 克吧？"有想法，就去大胆验证，给硬币的重量排个队吧。

非常遗憾，5 日元硬币的重量并不是 5 克。而且，和其他硬币相比，它的重量也显得有点儿不"干脆"。这其实与日本古时候的重量单位"匁（日本汉字，读音为"monme"）"有关（见 6 月 26 日）。

1 匁 = 3.75 克

再来看看 50 日元硬币，4 克的重量令人赏心悦目。50 日元和 1 日元硬币的大小差距很小，重量却是 1 日元的 4 倍，这是由于制作材料的不同导致的。

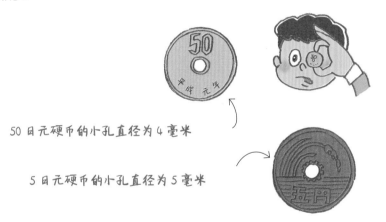

50 日元硬币的小孔直径为 4 毫米

5 日元硬币的小孔直径为 5 毫米

硬币的大小和重量

硬币	500	100	50	10	5	1
（直径毫米）	26.5	22.6	21	23.5	22	20
重量（克）	7	4.8	4	4.5	3.75	1

迷你便签　　1 日元硬币是一个挺"美"的硬币，它的重量为 1 克、半径 1 厘米（直径 2 厘米）。大家也和家人一起，给你们的硬币量量身高与体重吧。

分数的起源：古埃及人的面包

学习院小学部

大泽隆之老师撰写

阅读日期　月　日　｜　月　日　｜　月　日

分面包时的分数

距今 3000 年以前，古埃及人发明了分数。

2 片面包怎么分给 3 个人？古埃及人是这样做的：首先，每人分到 1 片面包的一半，即 $\frac{1}{2}$ 片。这时，剩下的面包也是 $\frac{1}{2}$ 片。3 个人平均分 $\frac{1}{2}$ 片面包，每人再分到 $\frac{1}{6}$ 片。

也就是说，每人可以分到 "$\frac{1}{2}$ 片和 $\frac{1}{6}$ 片" 面包。古埃及人认为，分数的分子一定要是 1。

图1

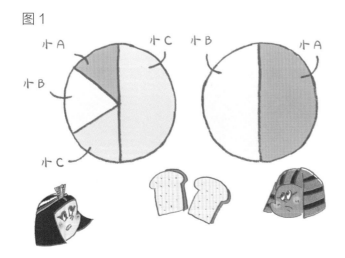

更令人愉悦的分法

古埃及人的这种分法，是先给每人尽量分出一个大的部分，然后对剩下的部分继续平分。面包这么分，稍微显得有点儿混乱。

而现代的计算方法，通常如图 2 所示。

每人分到"$\frac{1}{3}$ 片和 $\frac{1}{3}$ 片"面包，即每人分到 $\frac{2}{3}$ 片面包。现代的计算方法更加简便。

图 2

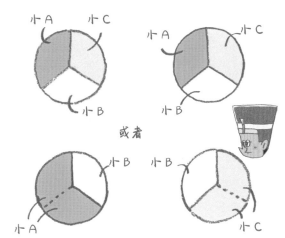

或者

想一想

2 片面包分给 5 个人

做一天古埃及人，试着将 2 片面包分给 5 个人吧。

因为每人分 $\frac{1}{2}$ 片的话，面包是不够分的，所以考虑每人分 $\frac{1}{3}$ 片。每人分走 $\frac{1}{3}$ 片后，剩下的面包继续平分给 5 人。那么，这小小的部分经过平分后，每人再能分到几分之一呢？

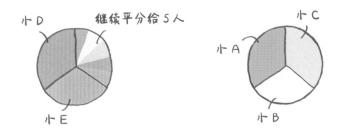

继续平分给 5 人

迷你便签

在古埃及，通常使用像"几分之一"这样的分子是 1 的分数。分子是 2 的分数，只出现了 $\frac{2}{3}$（三分之二）。

仙鹤和乌龟各有多少只？
神奇的"龟鹤算"

北海道教育大学附属札幌小学
泷泷平悠史 老师撰写

日本古代的数学趣题

鸡兔同笼，是中国古代的数学名题之一，记载于《孙子算经》之中。在日本，也有一道与之异曲同工的数学趣题，叫作"龟鹤算"。

笼子里的龟和鹤共有 5 只，加起来有 14 只脚，请问龟、鹤各有几只？

已知动物总数和它们脚的总数，求各个动物的数量，就是"龟鹤算"问题。

龟鹤各有几只？

下面我们就来揭开"龟鹤算"问题的面纱，看看笼中各有多少只龟和鹤？乌龟有 4 只脚，仙鹤有 2 只脚。首先，假设笼子里都是乌龟。

如果笼子里都是乌龟，而图 1 中脚的总数应该是 20 只，也就超出已知条件中的 14 只了。再来看看 4 只乌龟和 1 只仙鹤的情况，如图 2 所示，脚的总数是 18 只，还是多了点儿。而图 3 中，3 只乌龟和 2 只仙鹤的情况，脚的总数是 16 只。根据前 3 次的计算，我们可以发现，每当将 1 只乌龟替换为仙鹤的时候，脚的总数也随之减少了 2 只。因此可以知道，再将 1 只乌龟替换为仙鹤，就是所求的答案了。

也就是说，2 只乌龟，3 只鹤。

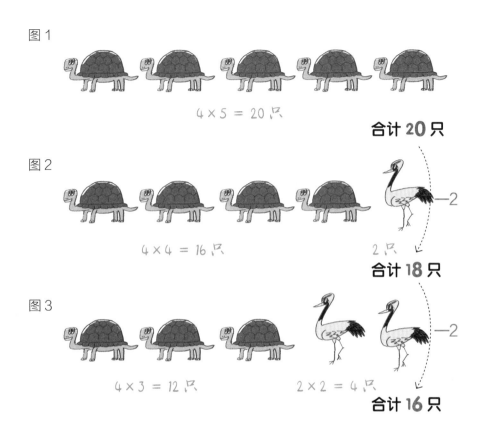

图 1

$4 \times 5 = 20$ 只

合计 20 只

图 2

$4 \times 4 = 16$ 只

—2

2 只

合计 18 只

图 3

$4 \times 3 = 12$ 只

$2 \times 2 = 4$ 只

—2

合计 16 只

迷你便签

和算，是日本江户时代发展起来的数学，其成就包括一些很好的行列式和微积分成果。当时爱好数学的人们，热衷于互相出题解题。"龟鹤算"就是和算中的一道数学趣题。

需要几根小棒

岛根县　饭南町立志志小学
村上幸人老师撰写

用小棒摆出正方形

用长度相等的小棒摆出正方形。一共需要几根小棒？如图 1 所示，需要 4 根小棒。

在这个正方形的基础上，继续摆出如图 2 所示的正方形。这下需要多少根小棒呢？1、2……你数对了吗？正确答案是 12 根。

还不能松懈，边长是 3 根小棒的正方形等着你摆呢。一共需要多少根小棒（图 3）？这根数过了，那根还没数过，到底是多少呀？正确答案是 24 根。

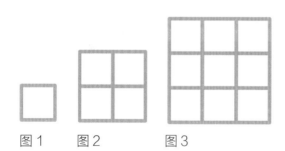

图 1　　图 2　　图 3

用表格整理出规律

继续、继续……边长是 5 根小棒的正方形，一共需要多少根？呜呜，别说数小棒了，画图也好麻烦啊。有没有简便的方法呢？先整理个表格吧（图 4）。

我们想通过表格知道小棒增加的规律是什么，可惜在图 4 中，还不能发现什么。

别泄气，再试着在表格中增加一行"增加的小棒数量"（图 5）。

九九乘法表中与 4 有关的数字出来了！没错，通过研究小棒增加的数量，我们获得了小棒增加的规律。根据规律，边长是 4 根小棒的正方形，增加的小棒数量是 16。已知边长是 3 根小棒的正方形，需要的小棒总数是 24。16 与 24 相加，把 40 填入对应的空格中（图 6）。

图 4

边长的小棒数量	1	2	3	4	5
需要小棒总数	4	12	24		?

图 5

边长的小棒数量	1	2	3	4	5
需要小棒总数	4	12	24		?
增加的小棒数量	(4)	8	12		

图 6

边长的小棒数量	1	2	3	4	5
需要小棒总数	4	12	24→40		?
增加的小棒数量	(4)	8	12	16	

图 7

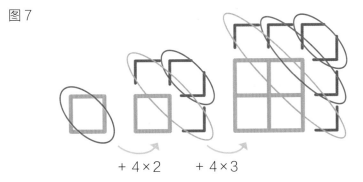

+ 4×2   + 4×3

为什么每次增加的小棒数量是 4 的倍数？图 7 是对这一规律的思路演示。边长是 5 根小棒的正方形，一共需要多少根？答案是 60 根，你答对了吗？

迷你便签

59

有各种视角的存在

请大家思考一个问题。当我们从不同的视角，观察身边的事物时，会发生什么？

比如，我们看到桌上的咖啡杯，可能是如图 1 所示的效果。

那么，当观察的视角变为俯视、正视时，我们眼中的杯子又会有什么变化呢？想象一下，然后与图 2 做一个对比。

如图 3 所示，观察对象换成了铅笔。视角不同，铅笔的样子也不同了。快来猜一猜，铅笔的俯视图长什么样？（答案在"想一想"里。）

图 1

图 2

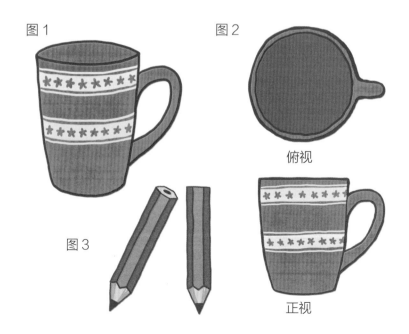

俯视

图 3

正视

想象不同视角的世界

想象有这么一双"眼睛"，从上面和正面，观察着我们身边的事物。当你拥有这样的"眼睛"时，可以把观察到的记录下来，在现实中确认答案。

可能有一些事物，我们很难去确认想象的对错。比如，东京塔、大阪通天阁的俯视图等等。不过，想象效果的过程，也是体味数学趣味的时刻。

从哪里看的呢？

不同的视角之下，物体也呈现出不同的姿态。右图显示的就是从铅笔上方向下看到的样子。

图4

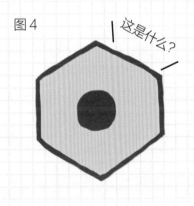

这是什么？

从物体上方观察，得到"俯视图"。从物体正面观察，得到"正视图"。它们都是物体在某个投影面上的正投影，也叫作"投影图"。更多视角变化的趣事，请见5月8日、6月1日。

61

亲近和算的江户人

大分县　大分市立大在西小学
二宫孝明 老师撰写

日本独有的数学

在现代的书店里，与数学相关的书籍比比皆是。在日常生活中，数学也是不可或缺的一门学科。

从古至今，世界上有许多人沉醉于数学的魅力之下。学习数学，解开题目，是他们的兴趣所在。日本数学在江户时代，进入了日新月异、独立发展的阶段。当时人们爱不释手的数学书，是由吉田光由撰写的和算开山之作——《尘劫记》。

江户时代的畅销书

《尘劫记》，是吉田光由在中国元代朱世杰《算学启蒙》和明代程大位《算法统宗》的基础上撰写而成的。书中涉及了生活中的各种数

学，如算盘的使用方法，大数字、小数字的表达方式，面积、体积的计算方法等等，一经推出便广受欢迎。

同时，书中也记载了许多数学趣题，除了前面学习的"龟鹤算"，还有"鼠算遗题"等等。

搭配着丰富的插画，这本数学书变得有趣易读，一再增印。它是江户时代当之无愧的畅销经典。有意思的是，书里的难题并没有附上答案，这是给读者们下的一封挑战书。成功解开问题的人，又会想出新的数学问题，变成读者们的又一道数学大餐。如此循环往复，优秀的数学题层出不穷，和算也因此得到快速发展。

行动起来，和小伙伴互相出题考考对方吧。

算额绘马

每当想出了一道好题目，或是破解了一道数学难题时，江户时代的日本人便会向神佛表示感谢。这份谢意通过和算"算额"，悬挂在神社、寺庙廊檐或"绘马堂"中。和算"算额"，是记录数学问题的木制匾额，也是一种特殊类型的数学传播载体。

 江户时代的和算家关孝和（1642？－1708年），改进元代数学家朱世杰《算学启蒙》中的天元术算法，开创了和算独有的笔算（见2月26日）。

将卫生纸纸芯剪开后

青森县 三户町立三户小学
种市芳丈 老师撰写

阅读日期 ✐ 月 日 | 月 日 | 月 日

剪开有惊喜哟

将筒状的物品剪开铺平后，可以得到长方形。

仔细观察卫生纸纸芯，可以看到筒状的表面有一条斜线。沿着这条线剪开，会发生什么？我们得到了一个平行四边形（图1）。

剪开带来惊喜的除了卫生纸纸芯，还有某些牛奶的包装——三角盒。沿着纸盒的连接处剪开，会发生什么？

将筒状物品的剪开后……

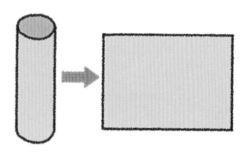

图1

剪开……

我们可以得到长方形或平行四边形（图2）。

图2

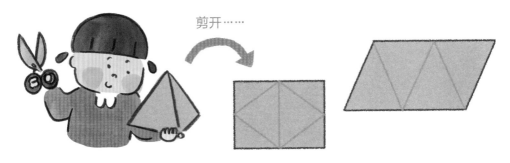

剪开……

平行四边形比较环保？

为什么卫生纸纸芯和三角盒剪开后，都是长方形或平行四边
形呢？

这是因为要将包装纸物尽其用。长方形是包装纸最基础的形状，
而平行四边形，也可以由长方形无缝斜切而成，不会造成浪费。为了
环保，人们也是煞费苦心呀。

保鲜膜纸芯剪开后，是一个细长的平行四边形。

"魔方阵"上的数字游戏

北海道教育大学附属札幌小学
泷泷平悠史 老师撰写

阅读日期 ✐ | 月 日 | 月 日 | 月 日

每个方向相加都相同

如图 1 所示,这个 3×3 的表格叫作"魔方阵",也叫作"幻方"(魔方阵详见 10 月 06 日)。

在这个魔方阵上,每行、每列,以及对角线上的和都相等,都是 15。现在,请来挑战一下图 2 的魔方阵吧。

应该从哪里开始着手呢?

首先,请观察图 3 红色框里的数字。这一行的数字 8、1、9 之和是 18。根据魔方阵的性质,我们可以知道每行、每列,以及对角线上的 3 个数字,它们的和都将是 18。

图 1

8	3	4
1	5	9
6	7	2

图 2

		4
8	1	9

接着，请看蓝色框里的数字。4 + □ + 9 = 18，可得□里的数字是 5。

有头绪了吗？解题的关键就是在行、列和对角线上，找到"只剩一个□"的。

请看蓝色框里的数字。4 + □ + 8 = 18，可得□里的数字是 6。如图 4 所示，只剩下 A、B、C3 个□了。

任务就交给你咯。

改变每行、每列，以及对角线上的和，就可以创造出新的魔方阵。

（答案）A = 11、B = 3、C = 7。

图 3

图 4

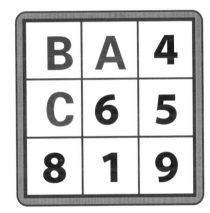

3×3 并不是"魔方阵"的既定格式，像 4×4、5×5 等也都很常见。随着数量的增加，魔方阵的难度也不断提高。

67

如何计算参加祭典的人数

福冈县　田川郡川崎町立川崎小学
高濑大辅老师撰写

数不清的人数

日本有许许多多的节日祭典，各地还有各自的特色祭典。人们载歌载舞，度过祭典的美妙时间。那么，该如何计算参加祭典的人数呢？

像东京迪士尼乐园这样的主题公园，只需要统计一下卖出的门票数量，就可以清楚地知道游玩人数。

但是，祭典可不卖门票，有谁会去数一数参加的人数呢？

其实，警察或祭典的组织者是会统计参加人数的。当然，一个一个地数并不现实。他们通常是用一个公式，来推算参加的人数：（每平方米人数）×（祭典场地的大小）

其实，是可以算出来的

每平方米人数，实际上也不是一个一个数出来的，而是按照下面的标准进行推算。

· 大家可以随意走动，3人。

· 与周围人摩肩接踵，6-7人。

· 像在挤满人的公共汽车上，10人。

不过，祭典上的人们并不会总是停留在某一处。这时候，就要统计出人们在祭典场内的平均步行时间，以及人们进场出场的次数，然后再进行下一步的计算。

博多海港节（福冈市）

约 200 万人

（数据来源：2015年福冈市民祭典振兴会）

青森佞（nìng）武多节（青森市）

约 269 万人

（数据来源：2015年青森佞武多节执行委员会）

札幌冰雪节（札幌市）

约 240 万人

（数据来源：2014年札幌冰雪节执行委员会）

像这样的大致推算，叫作估算。通过估算，一是可以做好祭典的计划，二是可以确定派遣警察的数量，以确保会场的秩序和安全。

牛蛙的卵有多少颗？

大家请用估算的方法，来思考一下这个问题。初春时节，小河与池塘中经常可以见到牛蛙们的卵。据说，牛蛙是最会产卵的一种蛙。这么多卵，一颗颗地数，是要数到天荒地老的节奏。所以，你有什么好办法吗？

牛蛙一次产卵的数量大约在1万–2万个。体格小一些的蟾蜍，一次产卵量也可以达到2000-8000个。蛙科的研究者们，肯定是下了大工夫去计算呀。

69

在这个照相馆里，我们会给大家分享一些与数学相关的、与众不同的照片。带你走进意料之外的数学世界，品味数学之趣、数学之美。

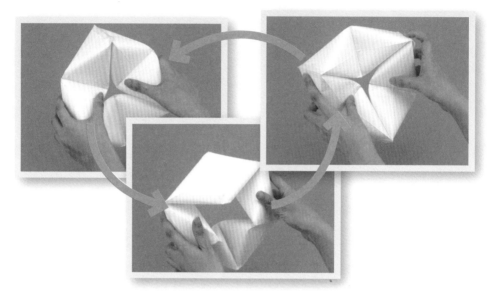

四面体旋转环

反复扭转的四面体真好玩

由 4 个三角形组成的几何体，叫作四面体，也称为三棱锥。6 个四面体可以组成四面体旋转环，这个立体的环能像烟圈一样反复扭转。制作这样的环，可以用纸折，也可以用 5 号信封（220 毫米 × 110 毫米）来。

拿起做好的四面体旋转环，往环的中间用力，看看会发生什么？旋转环的名字果然不是白叫的，一开始的旋转可能有点儿磕磕绊绊，几圈后就很顺畅了。

做法

1 把信封的口封好，用剪刀从中间剪开。用胶带粘好。

2 将剪切口打开，这时两面形成了如图所示的三角形，沿虚线折叠，然后将剪切口粘好，与底边组合成"十"字形。

3 这样一来，由 4 个三角形组成的四面体就做好了。再接再厉，一共要做 6 个。

4 用胶带将 6 个四面体连接起来，两个相邻的四面体是靠一条棱彼此相连，其作用就像是铰链。

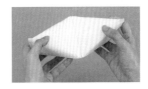

◉ 制作 / 吉田映子

做好啦！

你注意到了吗？有一些零食的包装袋也是四面体的。如果有它们的话，只用胶带粘一粘，就是一个四面体旋转环了。